建筑设计
手绘技法

Architecture Design Hand-drawing Technique

许韵彤　编著　　辽宁美术出版社

封面手绘效果图作者：李　虎

图书在版编目（ＣＩＰ）数据

建筑设计手绘技法/ 许韵彤编著. — 沈阳 ：辽宁
美术出版社，2017.3
　ISBN 978-7-5314-7636-8

　Ⅰ．①建… Ⅱ．①许… Ⅲ．①建筑设计-绘画技法
Ⅳ.①TU204.11

中国版本图书馆CIP数据核字（2017）第044915号

出 版 者：辽宁美术出版社
地　　　址：沈阳市和平区民族北街29号　邮编：110001
发 行 者：辽宁美术出版社
印 刷 者：沈阳博雅润来印刷有限公司
开　　　本：889mm×1194mm　1/16
印　　　张：4.5
字　　　数：80千字
出版时间：2017年3月第1版
印刷时间：2017年3月第1次印刷
责任编辑：彭伟哲
装帧设计：彭伟哲　苍晓东
责任校对：郝　刚
ISBN 978-7-5314-7636-8
定　　　价：38.00元

邮购部电话：024-83833008
E-mail:lnmscbs@163.com
http://www.lnmscbs.com
图书如有印装质量问题请与出版部联系调换
出版部电话：024-23835227

目　录

CONTENTS

前 言
PREFACE

　　手绘设计表达一直是设计师、设计专业的学生学习分析、记录理解、表达创意的重要手段，其重要性体现在设计创意的每一个环节，无论是构思立意、逻辑表达还是方案展示，无一不需要手绘的形式进行展现。对于每一位设计专业的从业者，我们所要培养和训练的是表达自己构思创意与空间理解的能力，是在阅读学习与行走考察中专业记录的能力，是在设计交流中展示设计语言与思变的能力，而这一切能力的养成都需要我们具备能够熟练表达的手绘功底。

　　由于当下计算机技术日益对设计产生重要的作用，对于设计最终完成的效果图表达已经不像过去那样强调手头功夫，但是快速简洁的手绘表现在设计分析、梳理思路、交流想法和收集资料的环节中凸显其重要性，另外在设计专业考研快题、设计公司招聘应试、注册建筑师考试等环节也要求我们具备较好的手绘表达能力。

　　本套丛书的编者都具备丰富的设计经验和较强的手绘表现能力，在国内专业设计大赛中多次获奖，积累了大量优秀的手绘表现作品。整套丛书分为《手绘设计——草图方案表现》《手绘设计——室内马克笔表现》《手绘设计——建筑马克笔表现》《手绘设计——景观马克笔表现》。内容以作品分类的形式编辑，配合步骤图讲解分析、设计案例展示等的环节，详细讲解手绘表现各种工具的使用方法、不同风格题材表现的技巧。希望此套丛书的出版能为设计同仁提供一个更为广阔的交流平台，能有更多的设计师和设计专业的学生从中有所受益，更好地提升自己设计表现的综合能力，为未来的设计之路奠定更为扎实的基础。

刘宇

2012年12月于设计工作室

一、建筑手绘马克笔表现工具的绘制方法

马克笔也称"麦克笔"，马克笔色彩丰富，能快速表现设计意图，是进行建筑设计和景观设计快速表现的重要工具。绘图时一般常用钢笔或针管笔画轮廓造型，再使用马克笔着色。马克笔常与彩色铅笔结合，通过彩铅的细腻与马克笔的粗犷来增强画面的空间效果和质感。

马克笔的种类主要有水溶性马克笔、油性马克笔和酒精性马克笔。油性马克笔笔触较小，溶于甲苯和松香水，可以用其来润色，边缘线容易化开，比较难控制，适合大面积的平涂。

（一）马克笔的表现要领

1．用笔的技巧

马克笔色彩比较透明、笔头较粗，笔尖可画细线，斜画可画粗线，类似美工笔用法，可以随着握笔角度的调整控制笔尖的粗细变化，线条灵活。着色时由浅及深，通过点、线、面的结合来表现画面。用笔要干脆果断，讲究章法，力求刚直，注重顺序，尽量避免重复和修改线条。常用的排线方式为平行排列方式，笔触重叠时会有明显的压痕，注意相互笔触之间既要统一又要有一定的变化。另外，利用单色表示明度的变化效果时，可以利用笔触由粗到细不断调整笔头的角度，体现过渡效果（图1-1-1）。

图1-1-1　许韵彤

2．色彩的选用

马克笔的色彩型号很多，但由于其颜色只能叠加而无法像水彩那样进行融合，所以很难产生细腻、微妙的层次变化。色彩也不宜反复叠加，否则画面会显灰且零乱。所以马克笔更着重表现的是固有色的关系。因为草图或速写表现图对于画面的细致深入要求不高，许多设计师都会选用马克笔来绘制。在实际表现过程中多使用一些中性偏灰色的颜色来表现，局部再点缀鲜艳的色彩控制画面的色彩对比关系，保证画面的统一性（图1-1-2）。

图1-1-2　刘宇

3．疏密的控制

马克笔的局限性体现在不适于大面积着色和细部的表现，而优势是快速便捷，所以在上色时无须面面俱到。在主体内容有所表现外其余不重要的部位点到为止，甚至可以留白，不着任何颜色。这样最终形成的效果反而轻松，层次关系明确，切忌满涂而造成画面压抑不透气（图1-1-3）。

4．马克笔的主要表现手法

（1）并置法　将笔触并列排置。

（2）重叠法　将马克笔笔触重复叠加排列线条。

（3）叠彩法　将不同色彩的马克笔重叠排列线条，形成丰富的色彩效果。

（二）徒手表现容易出现的问题

初学徒手绘画往往有两种倾向，一是只注重看书而疏于动手；另一种则忙于埋头作画，而不善于总结自己感受和旁人的经验，这都不是高效的学习方式。徒手画表现是理论和实践紧密结合的统一体，其中大量的实践又是重中之重。这是一个相互推动、相互促进的学习研究过程。在徒手表现时常会出现一些问题，归纳起来主要表现为：

（1）构图的问题表现为构图呆板，主体不明确，缺乏层次。

（2）透视的问题主要有远近不分、物体变形。

（3）比例的问题没有把握好各物体之间的大小比例关系，不符合正常的视觉习惯要求。

（4）表现的问题主要有结构交代不清，线条不流畅，反复涂改，色彩含混，主次颠倒，画面不够整洁等。

图1-1-3　郭丹丹

二、建筑空间线稿表现分析

图2-1　刘永喆

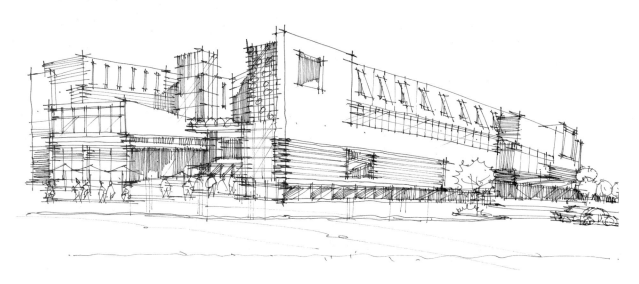

图2-2　刘永喆

图2-3　周亚丽

图2-4　周亚丽

图2-5 周亚丽

图2-6 刘永喆

图2-7　刘永喆

图2-8　王曼琳

图2-9　王曼琳

图2-10　张继悦

图2-11 张权

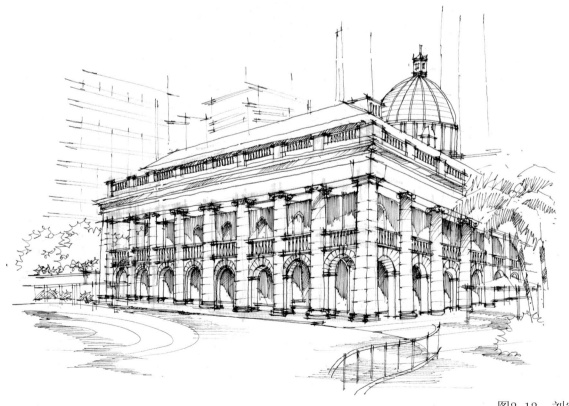

图2-12 刘宇

图2-13　耿丽雯

图2-14　耿丽雯

三、建筑空间单色表现分析

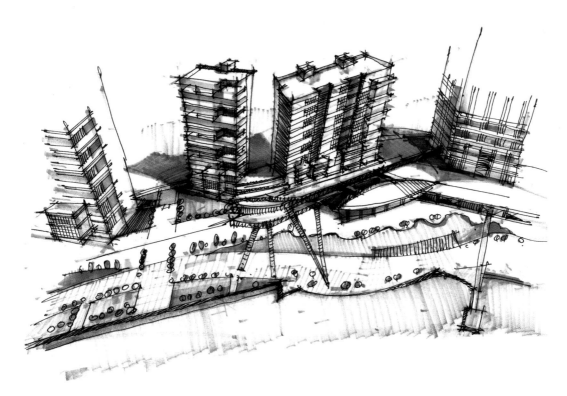

图3-1　刘宇

图3-2　刘宇

图3-3 刘宇

图3-4 刘宇

图3-5 刘宇

四、建筑空间表现步骤图技法图解

（一）建筑空间表现步骤图技法图解1

步骤一：

别墅建筑是表现技法中不可缺少的类型，图例具有古典建筑与现代建筑结合的特点。既有现代建筑设计中功能分区的布局，也有古典建筑中的立面造型。可以成为手绘爱好者平时练习的一个题材。

建筑空间表现步骤图技法图解4-1-1

本图中采用尺规作图的方式，画面大的结构肯定到位，线条有力，结构转折清晰。而画面的小结构以及材质、纹理、光影的变化表现灵活多变，可用细腻的线条刻画建筑的转折关系。

步骤二：

选用冷灰色系的马克笔，用排笔的笔触将建筑的主体外立面颜色着重，注意笔触的整齐。此时可不考虑画面的明暗，以表现大底色为主。

建筑空间表现步骤图技法图解4-1-2

步骤三：

开始加重建筑的明暗对比关系，马克笔的颜色可再重一些。加强建筑主体的体积感与厚重感。同时，不要破坏画面中偏亮的色彩，使画面保持色彩的响亮。

建筑空间表现步骤图技法图解4-1-3

步骤四：

用暖绿色的彩色铅笔对画面的草坪进行渲染，应注意彩色铅笔用笔涂抹的方向，并对植物映射在建筑玻璃上的反光进行描绘，整体颜色倾向以暖绿为主。

步骤五：

用马克笔的绿色系将建筑背景的植物进行着色。注意前后植物的明暗关系，尽量以整为宜，从而烘托出主体建筑。最后我们再选用亮丽的色彩对画面前景植物进行点笔渲染，活跃整体画面。

建筑空间表现步骤图技法图解4-1-4

建筑空间表现步骤图技法图解4-1-5

（二）建筑空间表现步骤图技法图解2

建筑空间表现步骤图技法图解2——实景照片

步骤一：

这个图例中的建筑具有古典主义的建筑风格，给人一种古朴的美感。在绘制的时候应该注重古朴气氛的塑造。我们在画图之前要对塑造重点进行分析，分出主次关系，有利于画面层次的营造。这个

建筑空间表现步骤图技法图解4-2-1

建筑的主体为砖红色，所以用棕颜色的彩铅进行概括性的上色，同时把配景的颜色也用绿色彩铅笔做一些铺垫工作。这样给整张画面定一个大的色调关系。

步骤二：

绘制过程中继续围绕建筑物主体砖红色的特点进行绘制。用马克笔在彩铅的基础上对建筑绘制的时候，采用扫笔的方法把建筑物立面的光感表现出来。同时用暖灰的颜色（如WG3、WG5）对建筑立面的层次进行刻画，随后把建筑物里边的配景铺上大致颜色。

建筑空间表现步骤图技法图解4-2-2

步骤三：

　　这一步我们继续深入建筑主体的表现，并将配景植物进一步刻画，增加配景的层次感。塑造建筑主体光影的变化，同时强调建筑主体结构关系。随后加强前端雕塑和建筑主体的空间关系，并把建筑两侧的建筑概括地表现一下。

建筑空间表现步骤图技法图解4-2-3

步骤四:

　　这一步对整个画面的整体色调进行调整和完善。用彩铅笔添加天空的颜色,对主体建筑进行进一步的烘托。再加上近端配景的颜色,并增加建筑前面人物的颜色。这样使画面更加活跃,并加强了建筑主体和前景的空间层次感。

建筑空间表现步骤图技法图解4-2-4

（三）建筑空间表现步骤图技法图解3

建筑空间表现步骤图技法图解3——实景照片

步骤一：

　　首先我们采用0.2～0.5的勾线笔根据图例进行勾线，在勾这张线稿的时候首先要考虑建筑主体和水景的比例关系，而且把建筑主体的硬线条和水体等配景的软线条有机地组织起来。用软硬线条对比的方法进行刻画，使画面中建筑主体更加明确。

建筑空间表现步骤图技法图解4-3-1

步骤二：

这一步我们先用三种蓝颜色的彩铅对建筑主体和水体进行较大面积的绘制，并用绿色的彩铅对部分配景进行绘制。我们这样做可以第一时间给画面定下来一个大体色调。

建筑空间表现步骤图技法图解4-3-2

步骤三：

在接下来绘制的过程中根据景物的冷暖关系用暖灰色马克笔进行快速归纳。一定要注意用笔的速度，用颜色把建筑部分的暗部刻画出来，从而塑造建筑主体的空间层次（会用到WG1、WG3、WG5）。

建筑空间表现步骤图技法图解4-3-3

步骤四：

最后一步对图纸的整体进行调整和完善。增加建筑的明暗对比，使建筑的层次感和空间感进一步加强。继续添加天空的颜色和层次，为建筑主体起到更好的烘托作用。配景部分加一些冷灰和灰绿色，使配景和建筑的层次更加分明，从而达到较好的画面效果。

建筑空间表现步骤图技法图解4-3-4

（四）建筑空间表现步骤图技法图解4

建筑空间表现步骤图技法图解4——实景照片

步骤一：

这个建筑的线稿处理应该注意建筑各个部分之间的穿插关系，并对主塔楼的细节进行细致刻画，做到疏密结合塑造这个主体建筑。建筑前端也进行较精细的刻画，使画面从线稿阶段就做出较好的层次感。

建筑空间表现步骤图技法图解4-4-1

步骤二：

我们根据参考图片的特点对画面进行分析。这张图的特点是光感比较突出，建筑物受光面和暗部对比比较明显。所以我们先把建筑物的基本颜色用暖颜色的彩铅在暗部进行大体的绘制，先营造出一个大的颜色环境。

建筑空间表现步骤图技法图解4-4-2

步骤三：

在这一步的绘制过程中，根据景物光线的特点用彩铅和马克笔进行绘制，加上相应的冷暖关系，力求通过投影和阳光的颜色把建筑物上受光的感觉表现出来。同时把建筑物顶端的天空大体铺上颜色（会用到马克笔WG3、WG5、CG2、CG4），对建筑主体起到一些衬托作用。

步骤四：

接下来对图中建筑的结构和光影变化进行进一步的刻画，通过加强明暗对比，使主体建筑的穿插关系更加明确，光感也更强烈。把建筑物的空间感觉和光感做到位。接下来继续刻画天空，用比较粗糙的笔触把天空白色的云朵和蓝天的感觉表现出来。

建筑空间表现步骤图技法图解4-4-3

建筑空间表现步骤图技法图解4-4-4

五、建筑空间手绘表现专题点评

（一）建筑空间手绘表现专题点评1

画面中出现的问题（图5-1-1）

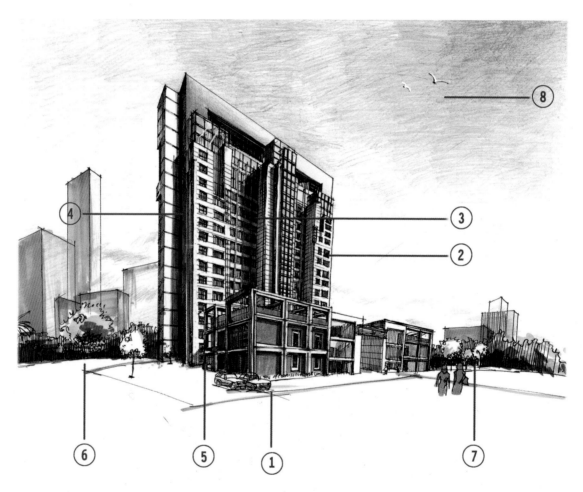

图5-1-1　李娇

（1）画面的基线透视效果不准确，过于靠上，高于人的正常视点。

（2）建筑立面的窗户透视不准确，比例大小错位，没有体现出建筑受光面的层次变化。

（3）建筑主体立面的结构层次刻画得不准确，细部的刻画过于繁杂。光影的刻画过于死板，缺少渐变的层次关系。

（4）建筑左侧的边界线画得过于实，此部分应该放松。同时应该注重反光的处理，使建筑从上到下有空间的延伸。

（5）建筑主立面前面的群楼透视出现变形，暗部的光影画得过重，没有很好地体现建筑框架的层次关系。

（6）建筑主体的背景植物群与地面相交的边界线应该虚化，拉开与前面建筑的空间层次。

（7）画面右侧的植物配景应该做细化处理，简单概括，使画面的空间感有所加强。

（8）天空处理的笔触花乱，没有很好地体现出天空的层次关系。

画面调整的具体方法（图5-1-2）

（1）　画面的基线透视效果绘制准确，符合人的正常视点。

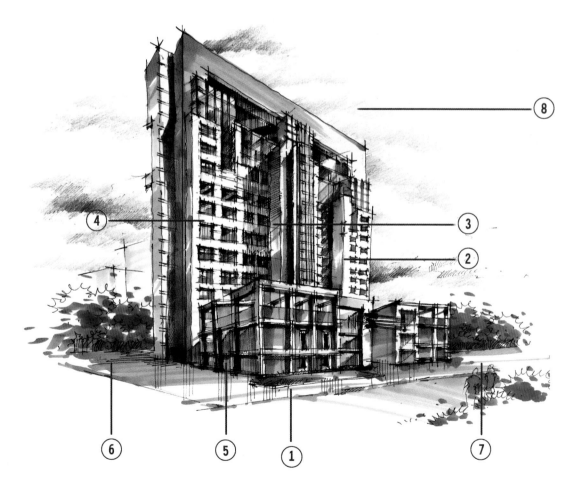

图5-1-2　张权

（2）建筑立面的窗户透视准确，比例协调，较好地体现出建筑受光面的层次变化关系。

（3）建筑主体立面的结构层次刻画准确，细部的刻画疏密有秩。光影的刻画生动灵活，层次关系明显。

（4）建筑左侧的边界线画得比较放松，同时反光的处理灵活到位，使建筑从上到下有空间的延伸感。

（5）建筑主立面前面的群楼透视准确，暗部的光影进行了生动刻画，很好地体现了建筑框架的层次关系。

（6）建筑主体的背景植物群与地面相交的边界线进行了很好的虚化，拉开了与前面主体建筑的空间层次。

（7）画面右侧的植物配景简单概括，使画面的空间感有所加强。

（8）天空处理的笔触放松且生动，很好地体现出天空的层次关系。

（二）建筑空间手绘表现专题点评2

画面中出现的问题（图5-2-1）

（1）建筑的两个立面区分得过于明显，缺少过渡颜色，使得材质的对比过于强烈。

（2）建筑立面外侧的钢结构框架材质表现不准确，用笔拖泥带水，没有很好地体现出光影和材质的变化，同时投影刻画得过于琐碎。

（3）建筑结构的光影应该注重层次的变化，应选用马克笔用扫笔的方式进行表现，通过笔触的虚实体现光影的渐变关系。

（4）建筑暗部逆光面在表现时应注重冷暖变化，应与整体画面的色调相统一，反光不宜过亮。

（5）配景颜色用色表现得过于单一，缺乏层次，应选用灰绿色进行表现。

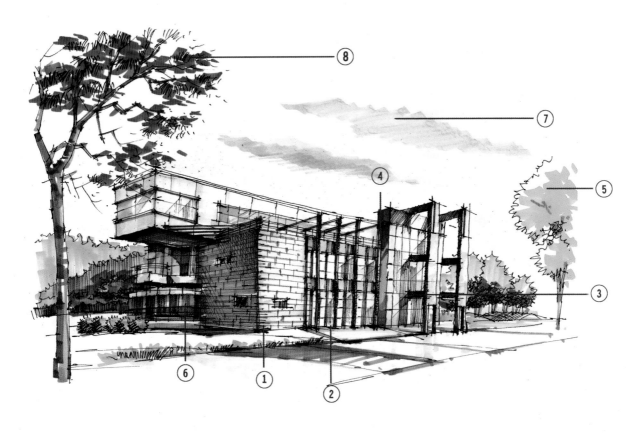

图5-2-1　张洪

（6）在进行表现建筑立面暗部的玻璃体结构时，应降低纯度对比，同时刻画出玻璃体内部的结构细节。

（7）表现天空的过程中，笔触运用过于死板，缺乏层次感。可以采用彩铅笔进行刻画。

（8）近端的植物颜色过于单一，笔触过于凌乱，应该采取两到三种颜色的灰绿色进行绘制，使前景对主体建筑进行较好的衬托作业。

画面调整的具体方法（图5-2-2）

（1）建筑的两个立面区分适度，材质颜色表现准确。

（2）建筑立面外侧的钢结构框架材质表现准确，用笔流畅，很好地体现出光影和材质的变化，同时投影刻画得恰到好处。

（3）建筑结构的光影注重了层次的变化，选用马克笔扫笔的方式进行表现，通过笔触的虚实体现出光影的渐变关系。

（4）建筑暗部逆光面在表现时注重了冷暖变化，与整体画面的色调相统一，反光进行了适度表现。

（5）配景颜色用色表现得灵活生动，增加了画面的层次。

（6）表现建筑立面暗部的玻璃体结构时，用色准确，同时刻画出了玻璃体内部的结构细节。

（7）表现天空的过程中，笔触运用灵活生动，富有层次感，采用了彩色铅笔进行刻画。

（8）近端的植物颜色丰富，笔触生动灵活,运用了灰绿色进行绘制,使前景对主体建筑进行较好的衬托。

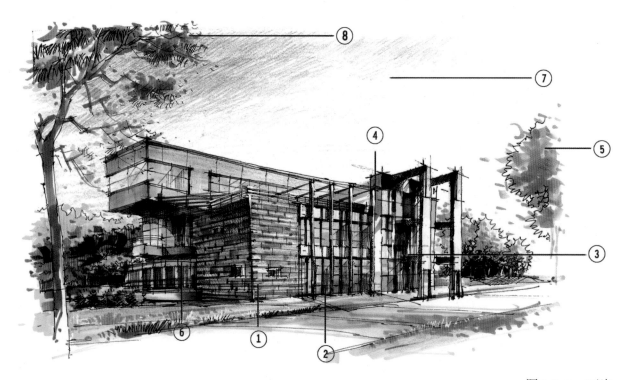

图5-2-2　石岩

图5-2-3

（1）建筑中心立面的转折刻画有些生硬，对质感的表现不准确。

（2）颜色的冷暖运用不准确，对于光源的变化分析不充分。

（3）笔触拖沓，没能表现好建筑立面的玻璃质感。

（4）建筑背光面的反光效果过于花乱，如果能把纯度和明度降一度效果会比较好。

（5）建筑物内部光影部分的颜色不够深，没能很好地塑造出建筑物的空间感。

（6）绿植刻画得过于简单，层次感较差。

（7）天空刻画得如果再深入些，就能使整张效果图的效果更加丰满。

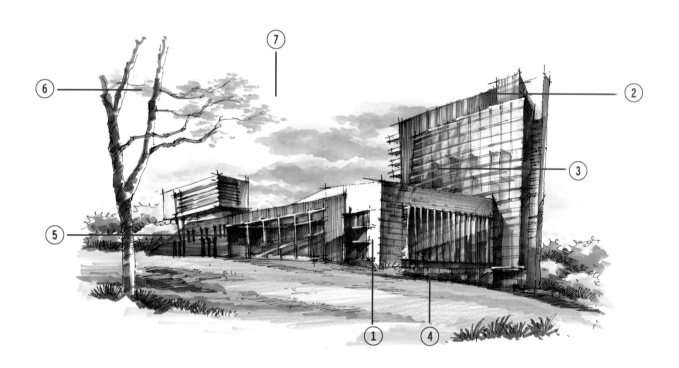

图5-2-3　王萌鑫

图5-2-4

（1）建筑中心立面的转折刻画自然，对质感和光线的表现准确到位。

（2）建筑的整体色调把握准确，效果统一自然。

（3）笔触运用自然，很好地表现了建筑物各部分的质感。

（4）建筑背光面的处理自然概况，很好地表现了建筑和地面的前后关系。

（5）建筑物内部光影部分的颜色处理到位，很好地营造出了建筑的空间关系。

（6）绿植刻画到位，为画面的完整起到一个重要的作用。

（7）天空用水彩的技法绘制而成，使画面更加生动丰满。

图5-2-4　张权

图5-2-5

（1）建筑主立面的刻画颜色果断，光感刻画到位，冷暖区分明确。

（2）建筑暗部的冷暖关系明确，很好地塑造出建筑的结构。

（3）颜色略显生动灵活，玻璃透亮的质感塑造到位。

（4）建筑内部的投影刻画到位，能很好地对内部空间进行表现。

（5）很好地表现了建筑前段的质感，光影塑造也很到位。

（6）亲水平台的光感和木质材质的表现都比较到位。

（7）通过天空的塑造，把整幅画面的气氛渲染得洒脱生动。

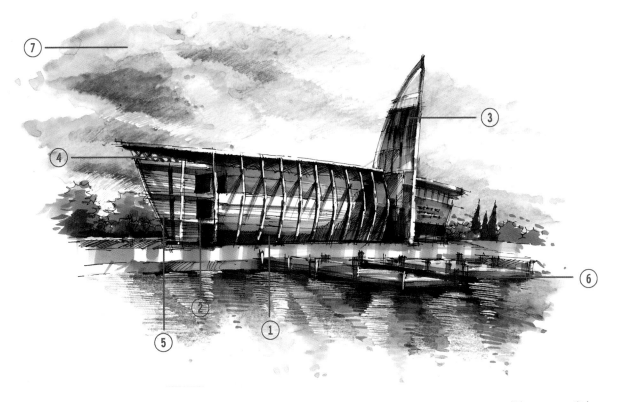

图5-2-5　张权

图5-2-6

（1）建筑主立面的刻画颜色有些花乱的感觉，光感不强。

（2）建筑暗部的冷暖关系不明确。

（3）颜色略显轻飘，质感的塑造没有到位。

（4）建筑内部的投影颜色不够重，没能很好地对内部空间进行表现。

（5）受光的感觉塑造得不理想，质感的塑造不到位。

（6）亲水平台的光感和材质没有很好地表现出来。

（7）天空塑造得比较死板，颜色感觉有些脏。

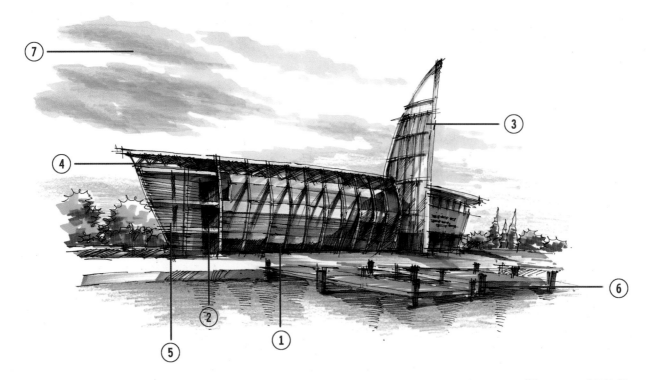

图5-2-6 杨嘉茗

六、建筑空间色彩表现分析

图6-1 刘宇

图6-2 李磊

图6-3 刘宇

图6-4　刘宇

图6-5　刘宇

图6-6 张权

图6-7 贾晓静

图6-8 刘永喆

图6-9　许韵彤

图6-10　陈婷婷

图6-11　李壬

图6-12 许韵彤

图6-13　张文

图6-14　许韵彤

图6-15 刘宇

图6-16　刘宇

图6-17　许韵彤

图6-18 金毅

图6-19　李磊

图6-20　周婕

图6-21 许韵彤

图6-22　秦英荣

图6-23　许韵彤

图6-24 刘宇

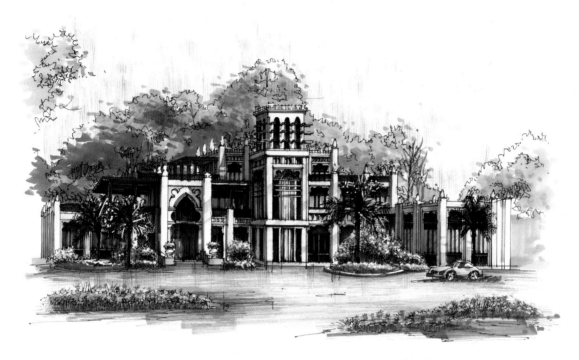

图6-25　苗瀚云

图6-26　程倩

图6-27 金毅

图6-28　韩志华

图6-29　田源

图6-30 夏嵩

图6-31　许韵彤

图6-32　张焕然

图6-33　许韵彤

图6-34　许韵彤

图6-35　许韵彤

图6-36　许韵彤

图6-37　刘宇

图6-38 许韵彤 线稿 彭玉婷

图6-39　张权

图6-40　原康

图6-41　刘宇

图6-42　刘卉铭

图6-43　赵博

图6-44　许韵彤

图6-45 张权